DICTIONNAIRE

DES

SCIENCES NATURELLES.

PLANCHES.

ZOOLOGIE : INSECTES ET CRUSTACÉS.

STRASBOURG, DE L'IMP. DE F. G. LEVRAULT.

DICTIONNAIRE
DES
SCIENCES NATURELLES.

Planches.

2.e PARTIE : RÈGNE ORGANISÉ.

Zoologie.

INSECTES,

PAR M. ANDRÉ-MARIE-C. DUMÉRIL,
Membre de l'Académie royale des sciences de l'Institut, etc.

CRUSTACÉS,

PAR M. ANSELME-GAÉTAN DESMAREST,
Membre correspondant de l'Académie royale des sciences de l'Institut;
Professeur de zoologie à l'école royale vétérinaire d'Alfort, etc

PARIS,
F. G. LEVRAULT, LIBRAIRE-ÉDITEUR, rue de la Harpe, n.° 81,
Même maison, rue des Juifs, n.° 33, à STRASBOURG.
1816 — 1830.

TABLE DES PLANCHES

DU

DICTIONNAIRE DES SCIENCES NATURELLES.

ZOOLOGIE.

INSECTES.

N.° d'ordre.	FAMILLES.	GENRES ET ESPÈCES.	RENVOI AU TEXTE. Tome.	Page.	N.° du cahier.
		PREMIER ORDRE.			
		COLÉOPTÈRES.			
1	CRÉOPHAGES	Anthie à quatre gouttes	2	203	3
		Cychre à bec	12	277	
		Tachype doré	52	98	
		Calosome sycophante	6	266	
		Brachyn pétard	5	296	
		Bembidion à quatre gouttes.	4 S.	74	
2	*Idem*	Notiophile riverain	35	169	
		Omophron à limbes	36	105	
		Scarite souterrain	48	40	
		Manticore à mâchoires	29	79	
		Cicindèle sylvatique	9	196	
		Élaphre riverain	14	285	
		Drypte échancrée	13	541	
3	BRACHÉLYTRES	Staphylin érytroptère	50	401	4
		Oxipore roux	37	180	
		Pædère riverain	37	221	
		Stène deux-gouttes	50	487	
		Fongivore lunulé	33	488	
		Lestève cimiciforme	26	140	
	NECTOPODES	Dytique de Rœsel	13	577	
		Hyphydre déprimé	22	349	
		Haliple imprimé	20	233	
		Tourniquet nageur	55	108	
4	PÉTALOCÈRES	Géotrupe phalangiste	18	447	
		Bousier lunaire	5	277	
		Aphodie du fumier	2	278	
		Onite sacré	36	132	
		Scarabée nasicorne	48	34	
		Hanneton foulon	20	266	
		Cétoine métallique	8	35	
		Trichie noble	55	201	
		Trox hérissé	55	519	

N.° d'ordre.	FAMILLES.	GENRES ET ESPÈCES.	RENVOI AU TEXTE. Tome.	Page.	N.° du cahier.
5	Priocères	Lucane cerf-volant mâle	27	259	
		Passale interrompu	38	23	
		Synodendre cylindrique	51	483	
	Hélocères	Sphéridie scarabéoïde	50	213	
		Scaphidie quatre-taches	48	27	
		Bouclier des rivages	5	255	
		Nécrophore enterreur	34	348	8
6	*Idem*	Nitidule ferrugineuse	35	14	
		Silphe quatre-points	49	225	
		Parne prolonge-corne	38	3	
		Élophore aquatique	14	359	
		Hydrophile de poix	22	255	
		Dermeste du lard	13	92	
7	Stéréocères	Lèthre grosse-tête	26	142	
		Escarbot en rein	15	294	
		Anthrène de la scrophulaire	2	216	
	Omaloïdes	Lycte canaliculé	27	429	
		Colydie alongé	10	103	16
		Cucuje ou Bronte testacé	5	349	
		Trogosite caraboïde	55	407	
		Ips des celliers	23	617	
		Mycétophage quatre-gouttes	33	490	
		Hétérocère bordé	21	112	
8	Sternoxes	Cébrion géant	7	329	
		Atope cerf	3	282	
		Throsque dermestoïde	54	321	
		Taupin croisé	52	347	
		Bupreste neuf-taches	5	442	
		Trachyde menue	55	122	11
	Térédyles	Vrillette entêtée	58	510	
		Panache pectinée	37	311	
		Ptine élégant	44	68	
		Mélasis flabellicorne	29	501	
		Tille mutillaire	54	373	
		Ruinebois dermestoïde	27	437	
9	Apalytres	Ver-luisant, ord.re mâle	25	217	
		〃 〃 femelle	25	217	
		Omalise à suture	36	85	
		Lyque sanguin	27	442	
		Drile jaunâtre	13	510	1
		Mélyre vert	30	21	
		Malachie à deux taches	28	133	
		Théléphore fauve	52	523	
		Cyphon pâle	12	395	
			14	354	
10	Épispastiques	Dasyte noir (mâle)	12	506	8
		Lagrie pubescente	25	126	

N.° d'ordre.	FAMILLES.	GENRES ET ESPÈCES.	RENVOI AU TEXTE. Tome.	Page.	N.° du cahier.
		Notoxe monocéros	2 35	202 178	
		Anthice pédestre	2	201	
		Méloë proscarabée (fem.).	30	16	
10	ÉPISPASTIQUES ... (*Suite.*)	Cantharide à vésicatoires..	6	485	8
		Cérocome de Schœffer (mâle)	8	3	
		Mylabre de la chicorée....	34	12	
		Apale deux-bandes.......	2	269	
		Zonite apical............	59	355	
		Sitaride humérale........	49	343	
		OEdémère podagre.......	35	400	
		Nécydale cou sanguin	34	333	
11	STÉNOPTÈRES	Rhipiphore deux-taches...	45	375	
		Mordelle à bandes.......	32	515	
		Anaspe noire............	2	103	
		Hélops bleu.............	20	505	
		Serropalpe denté.........	49	13	
		Cistèle lepturoïde	9	282	
12	ORNÉPHILES	Calope serraticorne	6	261	
		Pyrochre cardinale.......	44	165	
		Horie testacée..........	21	426	
		Upide céramboïde.......	56	288	15
		Ténébrion meunier	53	44	
13	LYGOPHYLES.....	Pédine fémoral	38	215	
		Opatre gris	36	157	
		Sarrotrie mutique........	47	409	
		Blaps présage-mort.......	4	452	
		Pimélie muriquée........	40	478	
		Eurychore ciliée.........	16	49	
		Akide réfléchie	1	414	
14	PHOTOPHYGES....	Scaure strié............	48	43	
		Sépidie trois-pointes	48	484	
		Erodie bossue	15	210	
		Zophose tortue...........	60	549	
		Tagénie étranglée........	52	117	
		Bolétophage crénelé......	5	110	
		Hypophlée châtain.......	22	378	
		Anisotome bicolore......	2	177	
15	MYCÉTOBIES ou FONGIVORES.	Agathidie quatre-taches...	1	290	18
		Diapère du bolet	13	166	
		Cnodalon nébuleux.......	9	458	
		Tétratome des champignons	53	334	
		Cossyphe d'Hoffmansegg ..	11	11	
		Bruche du pois..........	5	373	
16	RHINOCÈRES.....	Becmare curculionide	3	290	16
		Anthribe large-bec	2	219	
		Brachycère de Barbarie...	5	296	

N.° d'ordre.	FAMILLES.	GENRES ET ESPÈCES.	RENVOI AU TEXTE. Tome.	Page.	N.° du cahier.
		Attelabe du coudrier.....	3	290	
		Oxystome de Pomone....	37	183	
		Charanson de la livèche..	8	171	
16	RHINOCÈRES..... (*Suite.*)	Orcheste de l'aune.......	36	300	16
		Rimphe flavicorne.......	44	433	
		Lixe paraplectique......	27	87	
		Brente anchorago...	5	333	
		Apate capucin..........	2	271	
		Bostriche cylindrique	5	166	
	CYLINDROÏDES ...	Scolyte de l'orme........	48	177	
		Nécrobie violette	10	584	11
17			34	325	
		Clairon des abeilles.....	9	351	
	Genres anomaux tétramérés.	Spondyle buprestoïde....	50	321	
		Cucuje pattes-jaunes.....	12	138	
		Rhagie mordace...	45	304	
		Lepture cotonneuse.......	26	95	
		Molorque raccourci......	32	394	
18	XYLOPHAGES.....	Callidie arqué..........	6	250	8
		Saperde du chardon......	47	309	
		Capricorne des Alpes	6	512	
		Lamie b. lle............	25	181	
		Prione corroyeur........	43	330	
		Donacie à bandes........	13	426	
		Criocère de l'asperge	11	422	
		Hispe testacée	21	247	
19	PHYTOPHAGES....	Hélode du phellandrium..	20	502	
		Lupère pattes-jaunes	27	362	
		Galéruque de la tanaisie..	18	83	
		Gribouri soyeux.........	19	441	17
		Altise bordurée....	1	532	
		Clythre longues-pattes....	19	439	
		Chrysomèle céréale.......	9	164	
20	*Idem*..........	Eumolpe de la vigne.....	15	539	
		Alurne grossier..........	1	554	
		Erotyle bossu...........	15	216	
		Casside écusson.........	7	223	
		Dasycère sillonné.......	12	503	
		Endomyque écarlate	14	477	
21	TRIMÉRÉS.......	Eumorphe de Sumatra....	55	322	
		Scymne à écusson........	9	494	
			48	239	
		Coccinelle dix-neuf-points.	9	494	28
		= ocellée	9	490	
		= a plaie	9	490	
22	*Idem*..........	Psélaphe hæmatique......	43	486	
		Chennie bituberculé	8	435	
		Clavigère longicorne	55	321	

N.° d'ordre.	FAMILLES.	GENRES ET ESPÈCES.	RENVOI AU TEXTE. Tome.	Page.	N.° du cahier.
		DEUXIÈME ORDRE. ORTHOPTÈRES.			
23	Anomides	Mante striée	29	76	1
		Phyllie feuille	40	99	
		Phasme géant	39	461	
		Blatte laponaise	4	458	
		Forficule parallèle	17	246	
24	Grylloïdes	Locuste très-verte	47	517	13
		Pneumore à papilles	42	45	
		Truxale nasu	55	548	
25	*Idem*	Sauterelle émigrante	47	521	
		Criquet deux-points	1	241	
			11	423	
		Gryllon des cuisines	19	532	
		Courtillière taupe-grillon	11	275	
		Trydactyle paradoxe	55	261	
		TROISIÈME ORDRE. NEVROPTÈRES.			
26	Stégoptères	Fourmilion des fourmis	17	326	14
			34	61	
		Ascalaphe italien	3	191	
		Termite fatal	53	173	
		Psoque deux-points	43	510	
		Hémérobe chrysops	20	542	
27	*Idem*	Panorpe commune	37	344	13
		Némoptère à balanciers	34	382	
		Raphidie serpent	44	457	
		Semblide de la boue	48	419	
		Perle deux-queues	38	500	
28	Agnathes	Frigane jaune	17	389	1
		Éphémère vulgaire	15	46	
	Libelles	Libellule déprimée	26	245	
		Agrion fillette	1	325	
		QUATRIÈME ORDRE. HYMÉNOPTÈRES.			
29	Mellites	Xylocope violette	59	156	28
		Bourdon gâcheur	1	25	
			5	268	
		Phyllotome empileur	1	34	
		Abeille à miel	1	48	

N.° d'ordre.	FAMILLES.	GENRES ET ESPÈCES.	RENVOI AU TEXTE. Tome.	Page.	N.° du cahier.
		Euglosse dentée	1	65	
			15	536	
		Eucère antennée.........	15	515	
30	Mellites	Nomade fardée..........	35	140	28
		Andréne plumipède......	2	121	
		Hylée pattes-blanches	22	309	
		Bembèce à bec	4	297	
		Philanthe couronnée.....	39	475	
	Antophiles	Scolie quatre-taches......	48	166	
		Cabron à cribles.........	11	304	
		Melline ruficorne........	30	2	
		Chryside lucidule........	9	155	
31	Chrysides	Omale d'airain	4 S.	82	1
			36	84	
		Parnope chair............	38	4	
	Ptérodiples	Guèpe commune........	20	40	
		Masare apiforme.........	29	296	
		Ichneumon manifestateur.	22	437	
		Fœne lancier............	17	187	
	Entomotiles	Évanie appendigastre	16	57	
		Ophion jaune...........	36	199	
		Banche point............	4	14	9
32		Doryle baie.............	13	464	
	Myrmèges	Fourmi rousse	17	314	
			17	293	
		Mutille écarlate.........	33	459	
		Larre à collier..........	25	284	
		Tiphie à cuisses.........	54	391	
33	Oryctères......	Pompile des chemins	42	497	
		Pepside bleue...........	38	411	
		Sphège spirifège	50	223	29
		Tripoxylon potier........	55	553	
		Chalcide menue.........	8	69	
34	Néottocryptes ..	Leucopside dorsigère.....	26	169	
		Cynips du bédéguar......	12	363	
		Psile élégant; Diaprie...	43	505	
		Urocère géant...........	56	357	
		Xiphydrie chameau......	59	150	
		Sirèce satire	49	315	
		Orysse couronné.........	36	513	
35	Uropristes	Tenthréde à zones	53	97	28
		Hylotome du rosier	22	311	
		≠ du pin (mâle).	22	310	
		≠ ≠ (fem.).	22	310	
		Cimbèce à épaulettes	9	222	

N.° d'ordre.	FAMILLES.	GENRES ET ESPÈCES.	RENVOI AU TEXTE. Tome.	Page.	N.° du cahier.

CINQUIÈME ORDRE.

HÉMIPTÈRES.

N.° d'ordre.	FAMILLES.	GENRES ET ESPÈCES.	Tome.	Page.	N.° du cahier.
36	RHINOSTOMES	Pentatome vert	38	381	11
		Scutellaire siamoise	48	220	
		Corée paradoxe	10	418	
		Acanthie du raisin	1	98	
		Lygée chevalier	27	433	
		Gerre des lacs	18	501	
		Podicère tipulaire	42	57	
	PHYSAPODES	Thrips	54	318	
37	ZOADELGES	Miride cou-jaune	31	454	11
		Punaise des lits	44	109	
		Réduve annelé	45	15	
		Ploière vulgaire	41	410	
		Hydromètre linéaire	22	243	
	HYDROCORÉES	Ranatre linéaire	44	438	
		Nèpe cendré	34	399	
		Naucore cimicoïde	34	271	
		Notonecte glauque	35	176	
		Sigare striée	10	444	
			49	104	
38	AUCHÉNORYNQUES	Flate blanche	17	126	2
		Cigale du frêne	9	206	
		Membrace foliée	30	22	
		Fulgore chandelière	17	508	
		Lystre laineuse	27	453	
		Cercope sanguinolent	7	443	
		Delphax pellucide	13	42	
		Centrote cornu	7	396	
			30	23	
39	PHYTADELGES	Aleyrode de l'éclair	1	464	31
		Cochenille du Nopal	9	504	
		Puceron du rosier	44	88	
		Kermès du pêcher	24	396	
		Psylle ou Livie du jonc	43	543	

SIXIÈME ORDRE.

LÉPIDOPTÈRES.

N.° d'ordre.	FAMILLES.	GENRES ET ESPÈCES.	Tome.	Page.	N.° du cahier.
40	ROPALOCÈRES	Papillon Io ou Paon du jour	37	413	9
41	*Idem*	Hespérie du bouleau	21	107	31
		Hétéroptère miroir	21	127	
42	CLOSTÉROCÈRES	Sphinx de la vigne	50	226	8
		Sésie fréloniforme	49	52	
		Zygène de l'esparcette	60	620	

N.° d'ordre.	FAMILLES.	GENRES ET ESPÈCES.	RENVOI AU TEXTE. Tome.	Page.	N.° du cahier
42	Chétocères	Lithosie quadrille	27	75	8
		Noctuelle du pied d'alouette	35	124	
43	*Idem*	Crambe des prés........	11	308	9
		Phalène plumistère	39	431	
		Pyrale chlorane.........	44	129	
		Teigne harpelle	52	507	
		Alucite Latreille....... .	1	540	
		Ptérophore en éventail ...	44	43	
44	Némocères	Bombyce petit-paon......	5	118	9
		= du trèfle	5	121	
		= feuille de chêne.	5	121	
		= de Neustrie	5	125	
45	Némocères......	Bombyce écaille brune....	5	114	6
		= petite-queue-fourchue	5	140	
		= disparate	5	114	
		Hépiale du houblon......	21	12	
		Cossus ligniperde........	11	10	

SEPTIÈME ORDRE.

DIPTÈRES.

N.° d'ordre.	FAMILLES.	GENRES ET ESPÈCES.	Tome.	Page.	N.° du cahier
46	Sclérostomes ...	Cousin commun.........	11	284	31
		Bombyle peint..........	5	142	
		Hippobosque du cheval...	21	176	
		Conops pattes-jaunes	10	290	
		Myope noire............	34	23	
47	*Idem*	Stomoxe gris...........	51	77	
		Rhingie à bec...........	45	324	
		Chrysopide aveuglant.....	9	169	
		Taon nègre.............	52	218	
		Asile craboniforme	3	208	
		Empide pattes-velues.....	14	410	
48	Aplocères	Rhagion bécasse.........	45	306	2
		Bibion plébéien	4	385	
		Sique ferrugineux	49	314	
		Anthrax morio..........	2	214	
		Hypoléon trois-lignes.....	22	375	
		Stratyome caméléon......	51	89	
		Cyrte acéphale	1 S.	46	
			12	414	
			35	444	
		Mydas en fil............	31	48	
		Némotèle fuligineuse	34	383	
		Cérie clavicorne	7	492	

N.° d'ordre.	FAMILLES.	GENRES ET ESPÈCES.	RENVOI AU TEXTE. Tome.	Page.	N.° du cahier.
49	CHÉTOLOXES.....	Dolichope à onglet	13	408	31
		Ceyx ou Calobate pétronille	6 S.	49	
		Tétanocère réticulé	53	251	
		Cérochète ponctué	30	418	
		Cosmie maillée..........	11	3	
			53	102	
		Thérève crassipenne......	54	258	
		Échinomye grosse	14	195	
50	Idem..........	= féroce	14	195	
		Sarge cuivreux	47	373	
		Mulion arqué.........	33	304	
		Syrphe du poirier.......	51	496	
		Cénogastre à moustaches..	7	368	
		Mouche domestique; Cæsar	33	70	
	ASTOMES	Œstre salutaire	35	436	
51	HYDROMYES	Tipule à croissant........	54	399	
		Limonie triponctuée	54	400	
		Cératoplate tipuloïde....	8	7	
		Psychode velue..........	43	516	
		Hirtée de Pomone.......	21	240	
		Scatopse ailes-blanches ...	48	42	

HUITIÈME ORDRE.

APTÈRES.

N.° d'ordre.	FAMILLES.	GENRES ET ESPÈCES.	Tome.	Page.	N.° du cahier.
52	RHINAPTÈRES.....	Smaridie des moineaux...	49	367	18
		Lepte rouget............	26	61	
53	Idem..........	Pou de tête.............	43	158	31
		Puce irritante...........	44	81	
		= chique	44	82	
		Tique variée...........	54	402	
54	NÉMATOURES	Forbicine rayée	17	238	
		Machile polypode	27	494	
		Podure velue	42	88	
	ORNITHOMYZES...	Ricin du paon	45	459	
55	ARANÉIDES......	Araignée découpée.......	2	316	2
		Faucheur des murailles...	16	207	
		Galéode aranéoïde	18	76	
		Trombidie des teinturiers.	55	431	
56	Idem..........	Mygale aviculaire	34	9	
		Phryne réniforme........	40	60	
		Scorpion roussâtre	48	201	
		Pince cancroïde	41	49	

N.° d'ordre.	FAMILLES.	GENRES ET ESPÈCES.	RENVOI AU TEXTE. Tome.	Page.	N.° du cahier.
57	MYRIAPODES.	Iule des sables	24	41	27
		Polydesme aplati	42	332	
		Gloméride bordé	3	115	
			19	59	
		Scolopendre mordante	48	168	
		Lithobie à tenailles	27	65	
58	*Idem*	Scutigère aranéoïde	48	233	
		Polyxène lagure	42	454	
	POLYGNATES	Armadille à pustules.....	3	117	
		Cloporte petit-âne........	9	419	
		Physode marin..........	28	379	
			40	149	

Généralités. Planche représentant les ordres.

N.° d'ordre.	FAMILLES.	GENRES ET ESPÈCES.	Tome.	Page.	N.° du cahier.
59	COLÉOPTÈRES	Capricorne charpentier ...	6	511	31
	ORTHOPTÈRES	Sauterelle ailes-bleues	47	521	
	NÉVROPTÈRES....	Ascalaphe de Barbarie....	3	190	
	HYMÉNOPTÈRES. ..	Philanthe triangle	39	473	
60	HÉMIPTÈRES.....	Lygée vermillon.........	27	432	
	LÉPIDOPTÈRES....	Papillon aurore de Provence	37	384	
	DIPTÈRES	Cénogastre vide..........	7	370	
	APTÈRES	Faucheur acanthure......	16	206	

FIN DE LA TABLE DES INSECTES.

TABLE

ALPHABÉTIQUE DES PLANCHES DES INSECTES.

(Le chiffre indique l'ordre de la planche.)

F.

G.

H.

I.

K.

L.

U.

V.

X.

Z.

TABLE DES PLANCHES

DU

DICTIONNAIRE DES SCIENCES NATURELLES.

ZOOLOGIE.

CRUSTACÉS.

N.° d'ordre.	FAMILLES.	GENRES ET ESPÈCES.	RENVOI AU TEXTE. Tome.	Page.	N.° du cahier.
1	Généralités.	Carcin ménade	28	157	36
		Écrevisse fluviatile.......	28	157 308	
2	*Idem*	Thelphuse fluviatile......	28	150 247	39
3	DÉCAPODES brachyures.	Lambre spinimane.......	28	213	40
		Coryste denté (mâle)	28	214	
4	*Idem*	Atélécycle à sept dents...	28	215	37
		Portumne varié..........	28	216	
5	*Idem*	Portune étrille..........	28	219	
		" marbré	28	221	
6	*Idem*..........	Podophtalme épineux.....	28	225	40
		Lupée pélagique.........	28	223	
7	*Idem*..........	Polybie de Henslow......	28	226	
		Matute vainqueur........	28	226	
8	*Idem*..........	Crabe tourteau	11	299	38
		Xanthe floride...........	28	229	
9	*Idem*..........	Pirimèle denticulé.......	28	229	41
		Hépate fascié	28	230	
		Mursie mains-en-crête....	28	231	
10	*Idem*	Calappe tuberculé	28	232	38
		Œthre déprimé..........	28	233	
11	*Idem*..........	Pilumne hérissé.........	28	234	
		Mictyre longicarpe	28	236	
		Pinnothère pois..........	28	238	
12	*Idem*..........	Ocypode cératophtalme...	28	240	39
		Gécarcin tourlourou	18	269	
13	*Idem*..........	Gélasime de Marion	28	243	40
		Gonoplace rhomboïde	28	244	
14	*Idem*	Ériphie front-épineux....	28	245	39
		Plagusie clavimane.......	28	246	
15	*Idem*	Grapse porte-pinceau	19	322	40
		Thelphuse fluviatile	28	247	

N.° d'ordre.	FAMILLES.	GENRES ET ESPÈCES.	RENVOI AU TEXTE. Tome.	Page.	N.° du cahier.
16	DÉCAPODES brachyures.	Grapse peint	19	322	2
		Maja faucheur	28	258	
17	*Idem*	Homole front-épineux	28	250	38
		Dorippe laineuse	28	251	
18	*Idem*	Dromie très-velue	28	253	41
		Dynomène hispide	28	249	
19	*Idem*	Orithye mamillaire	28	256	42
		Ranine dorsipède	28	255	
20	*Idem*	Parthenope horrible	28	257	
		Eurynome rugueuse	28	257	
21	*Idem*	Maïa squinado	28	259	38
22	*Idem*	Pisa tétraodon	28	261	41
		Micippe philyre	28	263	
23	*Idem*	Mithrax bords-épineux	28	264	40
		Pactole de Bosc	28	275	
		Macropodie faucheur	28	268	
24	*Idem*	Inachus scorpion	28	265	37
		〃 dorhynque	28	266	
25	*Idem*	Lithode arctique	28	272	38
26	*Idem*	Hyménosome orbiculaire	28	275	43
		Égérie de l'Inde	28	270	
27	*Idem*	Ébalie de Pennant	28	277	39
		Leucosie craniolaire	28	278	
		Ilia noyau	28	281	
28	*Idem*	Arcanie hérisson	28	281	40
		Myra fugace	28	280	
		Ixa canaliculée	28	282	
29	*Idem* macroures.	Rémipède tortue	28	285	42
		Hippe émérite	28	285	
		Albunée symniste	28	283	
30	*Idem*	Pagure anguleux	28	286	41
		〃 Bernard	28	288	
		Birgus larron	28	289	
31	*Idem*	Scyllare oriental	28	291	41
		Ibacus de Peron	28	292	
32	*Idem*	Langouste commune	28	293	38
33	*Idem*	Galathée striée	18	50	43
		Églée lisse	18	49	
34	*Idem*	Porcellane large-pince	18	55	
		Mégalope mutique	28	300	
		Éryon de Cuvier	28	306	
35	*Idem*	Thalassine scorpionoïde	28	301	41
		Gébie étoilée	28	302	
36	*Idem*	Axie stirhynque	28	304	
		Callianasse souterraine	28	303	
37	*Idem*	Néphrops de Norwége	28	310	43
		Atie épineuse	28	313	

N.° d'ordre.	FAMILLES.	GENRES ET ESPÈCES.	RENVOI AU TEXTE. Tome.	Page.	N.° du cahier.
38	Décapodes macroures.	Crangon commun	11	311	
			28	314	
		Pandale annulicorne	28	315	
		Égéon cuirassé	28	314	
39	*Idem*	Hippolyte de Sowerby	28	317	38
		= variable	28	317	
		Penée à trois sillons	28	320	
		Nika cannelée	28	325	
		Athanas luisante	28	332	
40	*Idem*	Palémon porte-scie	28	328	
		Nébalie d'Herbst	28	335	43
		Mysis de Fabricius	28	334	
41	*Idem*	Écrevisse homard	28	308	2
	Stomapodes	Squille mante	28	341	
42	*Idem*	= queue-rude	28	341	41
43	*Idem*	= goutteuse	28	342	
44	*Idem*	Alime hyaline	28	344	
		Erichthe vitré	28	342	
		= armé	28	343	
		Phyllosome clavicorne	28	345	35
		= commun	28	345	
		= brévicorne	28	345	
		= larges-cornes	28	345	
45	Amphipodes	Phronime sédentaire	28	347	
		Talitre lacustre	28	349	
		Orchestie littorale	28	350	
		Atyle carené	28	351	
		Leucothoë articulée	28	352	
		Dexamine épineuse	28	351	40
		Mélite palmée	28	352	
		Crevette des ruisseaux	28	354	
		Amphithoë rouge	28	355	
		Phéruse des varecs	28	356	
46	*Idem*	Corophie à longues cornes	28	357	
		Cérapode tubulaire	28	358	
	Læmodipodes	Leptomère pédiaire	28	363	
		Cyame de la baleine	28	365	
	Isopodes	Typhis ovoïde	28	367	
		Ancée forficulaire	28	367	
		= maxillaire	28	368	39
		Pranize bleuâtre	28	368	
		Euphée taupe	28	369	
		Ione thoracique	28	370	
		Idotée tricuspide	28	373	
		Sténosome linéaire	28	374	
		Anthure grêle	28	375	
47	*Idem*	Campécopée velue	12	341	43
		Nesée bidentée	12	342	

N.° d'ordre.	FAMILLES.	GENRES ET ESPÈCES.	RENVOI AU TEXTE. Tome.	RENVOI AU TEXTE. Page.	N.° du cahier.
47	Isopodes. (*Suite*).	Sphérome denté	12	346	
		Æga entaillée	12	349	43
		Cymothoé œstre	12	352	
48	*Idem*	Anilocre du Cap	12	350	
		Nélocire de Swainson	12	347	
		Cilicée de Latreille	12	342	16
		Cymodoce de Lamarck	12	343	
49	*Idem*	Aselle d'eau douce	28	379	
		Ligie océanique	28	382	
		Cloporte aselle	28	384	
		Armadille pustulé	28	386	
		Bopyre des crevettes	28	388	
50	Pæcilopes	Argule foliacé	14	529	43
		Cécrops de Latreille	14	534	
		Anthosome de Smith	14	533	
		Calige de Müller	14	536	
		Pandare bicolore	14	535	
		Dichelestion de l'esturgeon	14	534	
51	*Idem*	Limule polyphême	14	536	
52	Phyllopes	Apus cancriforme	28	395	36
		Lépidure prolongé	28	395	
53	Lophyropes	Cyclope commun	28	396	
		= castor	28	397	37
		= staphylin	28	397	
54	*Idem*	Polyphème des étangs	28	398	
		Daphnie puce	28	401	
		= guillochée	28	403	36
		Lyncée rose	28	404	
55	Ostrapodes	Cypris brune	28	411	
		= ornée	28	410	
		= veuve	28	412	
		= à une bande	28	413	37
		= religieuse	28	411	
		Cythérée jaune	28	414	
56	Lophyropes Branchiopodes	Limnadie d'Hermann	28	408	35
		Branchipe des marais	28	416	

Crustacés fossiles.

N.° d'ordre.	FAMILLES.	GENRES ET ESPÈCES.	Tome.	Page.	N.° du cahier.
57	Trilobites	Agnoste pisiforme	55	314	
		Ogygie de Guettard	35	450	
		Asaphe caudigère	55	316	32
58	*Idem*	Calymène de Blumenbach	55	317	
		Paradoxide spinuleux	37	515	

FIN DE LA TABLE DES CRUSTACÉS.

TABLE

ALPHABÉTIQUE DES PLANCHES DES CRUSTACÉS.

(Le chiffre marque l'ordre de la planche.)

R.

S.

T.

X.

www.ingramcontent.com/pod-product-compliance
Ingram Content Group UK Ltd.
Pitfield, Milton Keynes, MK11 3LW, UK
UKHW021041260726
13994UKWH00005B/2290

9 782329 355306